Bibliothèque de l'Amateur Champenois

MÉMOIRES

D'UNE PETITE ACADÉMIE DE PROVINCE

PUBLIÉS

Par Alexandre ASSIER

PARIS

CHAMPION, libraire, quai Malaquais, 15.
A. CLAUDIN, libraire, 3, rue Guénégaud.
F. HENRY, libraire, Palais-Royal, galerie d'Orléans.
MENU, libraire, quai Malaquais, 7.
Et
Chez les principaux libraires de l'ancienne province de
Champagne.

—

M D CCC LXXV

BIBLIOTHÈQUE

DE

L'AMATEUR CHAMPENOIS

Tiré à 160 exemplaires numérotés :

120 sur papier vergé,
10 sur papier rose,
10 sur papier vélin,
20 sur papier chamois.

N°

MÉMOIRES

D'UNE PETITE ACADÉMIE DE PROVINCE

PUBLIÉS

Par ALEXANDRE ASSIER

PARIS

CHAMPION, libraire, quai Malaquais, 15.
A. CLAUDIN, libraire, 3, rue Guénégaud.
F. HENRY, libraire, Palais-Royal, galerie d'Orléans.
MENU, libraire, quai Malaquais, 7.
Et
Chez les principaux libraires de l'ancienne province de
Champagne.

—

M D CCC LXXV

AUX BIBLIOPHILES ET AUX LECTEURS

DE LA CHAMPAGNE.

MESSIEURS,

Depuis longtemps beaucoup de départements ont vu se former de petites Sociétés plus ou moins littéraires, agricoles et scientifiques qui se donnent modestement le nom d'Académie. Mais dans ces Académies le nombre des travailleurs diminue chaque année, si l'on en juge par les Mémoires et par les Annuaires qu'elles publient. Pourquoi cela? Parce que nous ne choisissons presque toujours dans cette France si féconde que des gens qui se sont acquis une certaine influence par leur fortune et qu'une fois admis, ces braves seigneurs se contentent de voir leur nom figurer dans les Annuaires. Pour moi, je ne voudrais point devenir membre de ces Sociétés littéraires sans leur envoyer chaque année mon petit contingent, car à quoi bon solliciter des suffrages pour dédaigner quelques jours après ce qu'on a convoité?

Mais puisque mes fonctions ne m'ont point permis de siéger dans une Académie de province, j'ose publier les Mémoires de celle que plusieurs de mes amis ont fondée. Je ne prétends point qu'ils vaillent ceux de telle ou telle Académie, mais, à coup sûr, vous y trouverez, Messieurs, des documents d'une certaine importance, tels que le rouleau des morts et Pierre de Larivey. Ces documents proviennent de la bibliothèque de Troyes et des archives de l'Aube, dont toutes les liasses et les nombreux registres n'ont pas encore été compulsés. J'y ai même ajouté la liste des ouvrages que possédait un chanoine au XIVe siècle et certaines pièces curieuses, non point pour faire parade d'érudition, mais pour vous donner des preuves de la bonne volonté de mes amis.

Je désirais terminer cet opuscule par le récit bien succinct des accusations dirigées contre moi lors du procès de la bibliothèque de Troyes, mais la Providence m'a suscité des hommes remarquables par leur science qui ont confondu mes adversaires. Je renonce donc à toute hostilité et vous révélerai bientôt les noms des artistes qui, depuis le XIIIe siècle, ont honoré la Champagne.

Alexandre ASSIER.

Courbevoie, 20 août 1875.

I.

BIBLIOTHÈQUE

D'UN CHANOINE CHAMPENOIS AU XIVe SIÈCLE.

1365.

La ville de Langres, dont l'origine remonte jusqu'aux Gaulois et qui mérita d'être plusieurs fois citée par César dans ses *Commentaires,* possédait une *insigne* église dont la juridiction s'étendait au loin. Ses évêques, honorés du titre de *pair,* avaient même plusieurs châteaux et comptaient de doctes personnages parmi les membres de leur clergé. Le plus savant peut-être de ses doyens au xive siècle fut Jean de Saffres, dont la bibliothèque ne comprenait pas moins de 145 volumes, chiffre assez considérable, si l'on se rappelle que Charles V eut beaucoup de peine pour en rassembler 910 à cette époque. Jean de Saffres, neveu de Jean de Rochefort, qui posséda l'évêché de Langres de 1294 à 1305, descendait par sa famille des comtes de Bourgogne et se trouvait allié aux nobles parents de saint Bernard. Le catalogue de sa bibliothèque nous a été conservé dans un inventaire dressé par les soins de Hugues de Changey, curé d'Asnières et de Jean de Levrigney, curé de Lannes. Cet inventaire, déposé dans les archives départementales de la Haute-Marne et provenant de celles de l'église Saint-Mammès de Langres, forme un rouleau de près de 10 mètres de long sur 33 centimètres de large.

Les livres dont se composait la bibliothèque de Jean de Saffres sont :

1. Cronicam regum abbreviatam, illuminatam de auro.

   Probablement la *chronique anonyme des rois de France.*

2. Romancium *Florimontis.*
   Roman de Florimont.

3. Romancium dicti *de Cligez.*
   Roman de Cligès ou de Cliget, attribué à Chrétien de Troyes.

4. Romancium dicti de *Percevaux le Galoix.*
   Roman de Perceval le Gallois attribué à Chrétien de Troyes.

5. Romancium *Johannis dicti de Lançon.*
   Roman de Jean dit de Lanson.

6. Romancium dicti de *Beaudoux.*
   Roman de *Beaudous,* par Robert de Blois, ami de Thibaut IV, comte de Champagne et roi de Navarre.

7. Romancium *Mape mundi.*
   Livre de *Mappamonde* ou *Mapemonde,* attribué à Gautier de Metz.

8. Romancium *de Cassamus.*
   Roman de Cassamus, par Jacques de Longuyon.

9. Romancium *Karoli de Cezilia.*
   Chanson du roi de Sicile, Charles d'Anjou,

composée par Adam de la Halle, qui se
rendit à Naples en 1285.

10. Romancium *Garini Lotharingi.*

Roman de *Garin le Loherain* ou Guérin le
Lorrain, versifié par Jean de Flagy et con-
tenant une partie de l'histoire de Charles-
Martel et de son fils le roi Pépin contre les
Sarrasins et autres peuples.

11. Romancium *Girardi de Rossillon* in francisco.

Roman de *Girart de Rossillon*, jadis duc de
Bourgogne, publié par Mignard, in-8, 1858.

12. Romancium *de Medicina equorum.*

13. Romancium *de Rosa.*

Roman de *la Rose*, commencé par Guillaume
de Lorris avant 1262 et continué par Jean de
Meung avant 1305.

14. Romancium *Julii Cesaris.*

Roman de Jules César, par Jacques Forest, traduction de la Pharsale de Lucain, publié par
Méon en 1814, 4 vol. in-8.

15. Romancium *Regnardi.*

Roman du *Renard*, poëme burlesque attribué à
Perrot de Saint-Cloud.

16. Romancium *sancti Ludovici, regis Francorum.*

Histoire de saint Louis, roi des Francs.

17. Romancium *Parisie ducisse.*

Roman de Parise, la duchesse, épouse de Ray-
mond de Saint-Gilles, publié par G. F. de
Martonne, in-8, 1836. Ce roman est l'un des

plus intéressants de la collection des *chansons de geste.*

18. Romancium intitulatum *le Tresour.*
19. Romancium *Machabeorum.*
   Roman des Machabées, attribué à Gauthier de Belle-Perche, vers 1280.
20. Romancium *Girardi de Rossillon,* in provinciali lingua.
   Roman de *Girart de Rossillon,* en provençal.
21. Romancium *Mellini.*
   Roman de Merlin, imprimé chez Vérard, en 1498, 3 vol. in-folio.
22. Romancium *Julii Cesaris,* quem familiares defuncti dicunt esse domine de Rup pro quo romancio habet romancium *de Lancelot.*
   Romans de Jules César et de Lancelot du Lac.
23. Romancium *Troje magne.*
   Les destinées de Troie ont joué un grand rôle dans les lettres et dans les traditions du moyen âge. *Roman de Troie,* attribué à Benoit de Sainte-Maure.
24. Romancium *Bueve de Barbastre.*
   Roman de *Bueves de Comarchis* ou *Barbastre,* attribué à Adam ou Adenès surnommé le roi.
25. Romancium *Geberti dicti Desree.*
   Roman de *Gibert dit Desrée.*
26. Romancium *Radulphi de Cameruco.*
   Roman de Raoul de Cambray et de Bernier, publié par le Glay, in-8, 1840, l'une des plus anciennes compositions de la langue d'oïl.

27. Romancium dicti *Galaad.*
Roman de Galaad, associé de Palamède.
28. Romancium *Sancti Spiritus* intitulatum *Testamentum magistri Johannis de Mehun.*
29. Romancium *Basini* et *Gombaudi.*
Roman de *Basin* et de *Gombaud,* en rimes.
30. Romancium *de Amadas.*
Roman d'Amadas et d'Ydoine, fille d'un duc de Bourgogne.
31. Romancium *Courberan d'Oliferne.*
Roman de Courberan d'Oliferne.
32. Unam peciam romancii *de Tritani.*
Un fragment du roman de Tristan. Tristan, fils de Méliadus, roi des Léonnois, compagnon d'Artus, est plus célèbre par ses aventures amoureuses que par ses exploits guerriers. Son histoire a été traduite du latin en français par Luces du Gast, chevalier anglais, à la demande du roi d'Angleterre Henri II.
33. *Hystoriam Britonum.*
Histoire des Bretons, par Geoffroi de Monmouth, qui obtint beaucoup de vogue et eut l'honneur de contrefaçons en vers et en prose.
34. Romancium *Alexandri.*
Roman d'Alexandre, par Lambert, clerc de Châteaudun, et Alexandre de Paris, natif de Bernai, publié par Michelant, à Stuttgard, en 1846.
35. Cronicam *Regum* abbreviatam, coopertam de rubra pelle.

36. Romancium *de la Devinaille.*
37. Romancium *Cantilenarum regis Theobaldi.*
    Poésies de Thibault IV, comte de Champagne
    et roi de Navarre.
38. Romancium *de Regimine Corporis.*
39. Romancium *Aymerici de Nerbona.*
    Roman de Aimeri de Narbonne ou de Guillaume
    de Narbonne.
40. Quoddam pulcrum romancium coopertum de
    pelle rubra in quo sunt adventus Ante-Christi,
    Passio Christi, in gallico, Vita Patrum, in
    gallico ; qui liber seu romancium est, ut
    dicitur, de Hospitali Sancti Mammetis, nec
    fuit taxatum, sed restitutum dicto Hospitali.
41. Unum quaternum papiri scriptum de Romancio
    Regnardi.
42. Unum romancium *septem Sapientium.*
    Roman des sept Sages, traduit du latin en
    français par Herbers et par un autre auteur
    anonyme.
43. Romancium *Conceptionis beate Marie Virginis.*
44. Quoddam vetus romancium *Florencii.*
45. Romancium *beate Marie Egyptiace.*
    Vie de Marie l'Egyptienne.
46. Romancium *de Joseph.*
47. Novem quaternos romancii *Lanceloti.*
    Roman de Lancelot du Lac.
48. Romancium dicti Ysopet.
    Traduction des *fables* d'Esope.
49. Vitam *Patrum* in gallico.

La vie des *anciens Pères* par un anonyme n'était qu'un recueil de contes et d'histoires d'ermites qui résistèrent aux tentations de l'esprit malin.

50. *Consuetudines Campanie.*
Coutumes de la Champagne.

51.. Romancium *Sancte Christine.*
Vie de sainte Christine.

52. Romancium *Tritani.*
Roman de Tristan, un des plus célèbres chevaliers de la Table-Ronde.

D'après cette nomenclature il est facile de reconnaitre que Jean de Saffres était un véritable bibliophile, car il ne se contenta pas de posséder la plupart des romans en vogue à cette époque, il en emprunta même à des seigneurs et à des hospices. Parmi les ouvrages précieux qui précèdent, nous citerons surtout les *Poésies du roi Thibaut IV et les Coutumes de la Champagne.* On sait que les *chansons* de Thibaut se répandirent dans presque toutes les provinces du Nord et que ce poëte, plus habile à manier la plume que l'épée, mérita même d'être cité par le Dante dans sa *divine Comédie.*

Jean de Saffres possédait en outre vingt livres d'église, dont le plus précieux était un magnifique *Missel* que les experts estimèrent quarante francs d'or, somme assez belle à cette époque, si l'on se rappelle qu'un habile architecte ne gagnait que trois à quatre sous par jour. Beaucoup de gens s'étonneront peut-être du nombre de romans que les experts trouvèrent dans la bibliothèque de ce doyen après son décès, mais les romans au moyen âge ne ressemblaient nullement à ceux du xixᵉ siècle, puisque l'un d'eux porte pour titre *Saint Louis, roi de France*, personnage dont la vie s'est écoulée dans la pratique de toutes les vertus et dont les actes ont obtenu les éloges de tous les historiens.

Jean de Saffres comptait encore parmi ses nombreux ouvrages la *Légende dorée*, le livre de Paul Orose, Aristote, Virgile, Juvénal, Boèce et Sénèque. La médecine même ne paraît pas lui avoir été étrangère, car beaucoup de traités relatifs à cette science figuraient dans sa bibliothèque à côté d'un *Caton* et d'un *Theodulus*, livres classiques au xivᵉ siècle.

II.

UN ROULEAU DES MORTS.

La bibliothèque de Troyes possède un de ces rouleaux au moyen desquels une communauté ecclésiastique recommandait à d'autres communautés les âmes des membres qu'elle avait perdus. Mabillon distingue deux espèces de rouleaux des morts, les rouleaux *perpétuels* et les *annuels*. Les rouleaux *perpétuels*, destinés à recevoir les noms des frères et des bienfaiteurs de l'abbaye et formés de membranes ou feuilles de par-

chemin cousues les unes au bout des autres, se prê-
taient toujours à de nouvelles additions et pouvaient
servir pendant un laps de temps indéfini. Les rouleaux
annuels étaient ceux que les églises associées s'envoyaient annuellement pour s'annoncer les noms de
leurs morts. M. Delisle, dans ses savantes recherches
publiées en 1846 (1), a reconnu une troisième espèce
de rouleaux des morts, les rouleaux *individuels* qui
s'envoyaient à la mort de chaque frère pour obtenir à
son intention les prières de ses associés.

Lorsqu'il s'agissait d'un simple religieux, la lettre
de faire part était bien simple. On se contentait d'é-
crire sur le rouleau : *Un tel enfant de notre monastère
est mort. Nous avons perdu un tel, chantre de notre
congrégation. Nous conjurons tous les fidèles engagés dans
la vie religieuse de prier Dieu pour lui.* Mais lorsqu'il
s'agissait d'un grand personnage, le rouleau déployait
orgueilleusement toutes ses pompes et s'adressait
même à tous les fidèles par la plume du plus habile
du couvent.

A peine cette encyclique était-elle transcrite en tête
d'une longue bande de parchemin qui s'enroulait sur
un cylindre qu'elle était remise à un messager qui la
suspendait à son cou et qui se mettait aussitôt en
route. Ce porte-rouleau, comme on l'appelait, *rotu-
liger, rotulifer,* allait d'église en église et de monastère
en monastère. A son approche, les religieux s'empres-
saient autour de lui, et, dès que l'abbé avait achevé la

(1) *Bibliothèque de l'école des Chartes,* t. III, 2e série, p. 361.

lecture du lugubre parchemin, tous se rendaient à l'église pour recommander à Dieu l'âme du défunt. Le porte-rouleau était alors invité à prendre quelque nourriture et recevait même quelquefois de l'argent, de peur que, découragé par de mauvaises réceptions, il n'abandonnât l'entreprise. Mais avant son départ, un moine se chargeait d'écrire la réponse et d'y ajouter la date de l'arrivée du courrier. Cette réponse, qui ne contenait guère que le nom de l'église qui l'écrivait, finit par se surcharger de quelques phrases de condoléance et même de pièces de vers que les hommes graves et religieux condamnèrent. Il parait que l'usage des rouleaux était déjà fréquent dès le xie siècle, car Baudri de Bourgueil s'écrie dans son poétique langage : « Que le courrier ne vienne pas si souvent. Restez en vie, prélats à la mort desquels il se promène; si le porte-rouleau vient si souvent, nous ne lui donnerons plus son denier (1). »

Le rouleau que conserve la bibliothèque de Troyes porte pour titre dans le catalogue des manuscrits (2) : *Catalogus piarum sodalitatum a cœnobio S. Benigni divionensis contractarum cum aliis multis ecclesiis, ut invicem possent mutuis precibus participare, cui præmittitur Hugonis ejusdem cœnobii abbatis ea de re Epistola. Sequitur autem series variarum personarum quæ tàm in eodem cœnobio quàm in aliis ecclesiis huic sodalitati junctis sepultæ fuerunt per annos 1439, 1440 et 1441.* »

(1) Si sæpe venit, nummi mercede carebit. Duch. Scrip fr., t. IV, p. 253.
(2) N° 2256.

Il s'applique donc, comme on le voit, à un espace de plusieurs années et constate la mort de deux abbés de Saint-Bénigne de Dijon, Etienne II de la Feuillée, mort au mois d'août 1434, et Pierre IX Brenot, mort le 7 décembre 1438, pour lesquels les religieux veulent obtenir des prières ainsi que pour soixante religieux profès, deux religieuses et trois convers au moins, comme l'indique le paragraphe suivant : *Obierunt in monasterio gloriosi marliris Xpisti, Burgundorum apostoli, beatissimi Benigni de Divione, ordihis Sancti Benedicti Lingonensis diocesis, reverendi in Xpisto patres : videlicet domnus Stephanus et domnus Petrus, successive abbates dicti monasterii Sancti Benigni ; et tàm in dicto monasterio quàm in prioralibus et membris ab ipso dependentibus obierunt etiam triginta quinque monachi presbiteri professi, due moniales et tres conversi et ampliùs. Si placet, orate pro ipsis et nos oramus et orabimus pro vestris. Et de post festivitatem beati Johannis Baptiste ultimáte lapsam, tàm in capite quàm in membris viginti quinque religiosi. Anno currente M CCCC XXX IX.*

Ce rouleau, qui peut être appelé *perpétuel*, n'a pas moins de 8 mètres 10 de long sur 0,225 mill. de large, et se compose de quinze pièces de parchemin, en tête desquelles se trouve ce tarif des droits à percevoir par le porteur dans les abbayes de la filiation de Saint-Bénigne :

« Saichent tuit que selon les saintes, dévotes et chariteuses constitutions et ordenances jà piéca faites entre les prédécesseurs de nous, les religieux abbé et couvent du monastère de Saint-Bénigne de Dijon, de l'ordre de Saint-Benoît, du diocèse de Langres et les autres signeurs abbés et couvens des monastères, doyens et chapitres des églises cathédrales et autres recteurs des autres églises, toutes et quantes fois que nous faisons porter notre brief (1) par les dis monastères et églises pour prier Dieu pour nos trespassés, le brevetier, pourteur d'icelluy brief, doit avoir et percevoir et luy sont deues ès dis monastères et églises les chouses qui s'ensuignent : Primo, ou monastère de Clugny, v st. Item, au monastère de Sainte-Trinité de Fescamp, x st. Item, en l'église S.-Estienne de Dijon, iii st. Item, en l'église de la Chapelle-ès-Riches, ii st. Item, en l'église S.-Michiel ou Péril-de-Mer, v st. Item, au prieuré de St.-Vigoul, près de Baïeux, xx st. Item, ès monastères et églises de nos sociétés, vi st. Ensemble i a prébende mouron. Item, chascun prieur souget, membre dépendant de nostre monastère de St-Bénigne, doit à nostre dit brevetier, v st. C'est à savoir que quant nostre dit brevetier pourte ung de nos abbés mort, il doit avoir et percevoir ès dis monastères et églises le double des choses dessus dites : Hugues de Mouson.

A la suite de ce tarif un miniaturiste a représenté le martyre de l'apôtre de la Bourgogne. Saint Bénigne, debout, revêtu de ses habits sacerdotaux, souffre avec pa-

(1) Les rouleaux des morts s'appelaient également *lettres courantes, bréviaires* et *brefs*. Les coutumes de Saint-Bénigne de Dijon n'admettaient de rôles annuels que lorsque l'éloignement des lieux ne permettait pas de notifier séparément la mort de chaque frère.

tience les tortures de ses bourreaux. Ses doigts sont garnis d'alènes de fer et sa tête est traversée par un bâton. Deux bourreaux lui percent le corps avec leurs lances, deux autres accroupis près d'une chaudière y puisent le liquide brûlant qu'ils versent sur les pieds du martyr, tandis qu'un empereur, assis sur son trône, préside froidement à cette triste scène, à laquelle assistent les deux chiens affamés qui, suivant Grégoire de Tours, se contentèrent de lécher le cadavre du saint, lorsqu'ils furent enfermés avec lui après son martyre.

Au-dessous de cette miniature une autre main a représenté deux personnages, Etienne de la Feuillée et Pierre Brenot, revêtus de leurs robes noires, couchés les mains jointes et la tête sur un oreiller. Leur mitre et leur crosse n'y sont point oubliées, car ce sont les insignes qui doivent distinguer les deux abbés des autres moines (1).

La lettre circulaire de l'abbé Hugues de Mouçon suit les miniatures et rappelle avec une certaine lourdeur l'utilité de la prière pour les morts sans même parler des personnages décédés, mais enjoignant de donner le couvert au porte-rouleau et d'inscrire le jour de son arrivée au monastère : « *Rotuligeroque nostro, ad hoc opus pietatis destinato, caritati vestræ supplicamus de bonis vobis a deo colatis ad vite necessaria*

______

(1) *Portefeuille archéologique de la Champagne*, par Gaussen, Bar-sur-Aube, 1861. *Peintures diverses*, planche ix.

providere et de die, quo ad vos venerit, presenti rotulo adscribendo (1). »

Le porte-rouleau commença son voyage dès le 4 juin 1439. Les droits qu'il avait à percevoir devaient être assez importants, car il annonçait cette fois le décès de deux abbés, et les anciennes ordonnances prescrivaient qu'il avait le droit de percevoir le double, lorsqu'il « portoit un des abbés mort. » Il ne parcourut pas moins de douze diocèses, ceux de Langres, d'Autun, de Chàlon-sur-Saône, de Màcon, de Besançon, de Lausanne, de Genève, de Clermont, de Saint-Flour, du Puy, de Lyon et de Grenoble où il arriva le 12 août 1441, dernière date contenue sur le rouleau.

Mais il paraît qu'il marchait un peu au hasard sans aucune méthode, car l'abbaye de Molèse a deux titres à cinq mois d'intervalle, le 9 juin et le 9 novembre 1439. Il est probable que d'autres rouleaux étaient portés par d'autres *breveliers*, car l'abbaye de Saint-Bénigne comptait des associés dans vingt-neuf diocèses dont l'énumération précède les titres.

Parmi les titres (2) rédigés en latin, nous citerons surtout celui de l'abbaye des Chases au diocèse de Saint-Flour :

« *Anno Domini millesimo CCCC quadragesimo et*

_____

(1) La liste qui suit est celle des soixante-dix monastères et chapitres avec lesquels l'abbaye de Saint-Bénigne était en association de prières.

(2) On appelait *titre* la réponse qui servait à contrôler la fidélité du porteur.

*primo et die martis post Lætare, presens rotulus fuit
presentatus in monasterio sancti Benedicti* de Casis *ordinis, sancti Flori diocesis, quo cum honore et reverencia
recepto, hora completorii, fecimus ut moris est in dicto
nostro ordine fieri : in quorum testimonium, ego Maria
de Alberva presentem scripturam scripsi et signo meo
manuali signavi. Migraverunt autem ex dicto ordine
Agnes* de Rupe *et Domina Ysabel* de la Cour. *Quare supplicamus pro dictis dominabus defunctis et pro aliis
olim defunctis oretis et nos similiter pro vestris orabimus.* Maria de Alberva, *abbatissa* de Casis. »

Cette Marie possédait donc assez bien la langue la-
tine, puisqu'elle écrivit elle-même ce titre et y rap-
pela le décès de deux bienfaitrices, dame *Agnès du
Rocher* et dame *Ysabel de la Cour.* Certains moines es-
sayèrent d'étaler leur science. Ainsi celui qui écrivit
le titre dans le couvent des Frères-Prêcheurs de Dijon
eut soin d'apprendre qu'ils cultivaient la langue hé-
braïque et, de peur qu'on ne l'oublie, il signa son nom
en caractères hébraïques : *Antounious.* Il constate également la peste qui sévit cruellement dans la contrée
et qui leur a enlevé trois jeunes novices (1).

Dans le monastère de Saint-Léger l'abbé écrivit ce
qui suit :

« *Anno Domini millesimo CCCC XXX nono vicesima
secunda mensis octobris hora vesperarum ipsius diei
fuit præsentatus presens rotulus in prioratu conven-*

(1) *Promenade à la bibliothèque de Troyes,* par Alex. Socard. —
Bibliothèque de l'école des Chartes. 4e série, t. III, p. 153, *note* de
M. d'Arbois de Jubainville.

tuali sancti Leodegarii ordinis sancti Benedicti Lingo-
nensis in quo obierunt a duobus et tribus annis citra,
fratres Guido de Porta. Johannes de Joins et Mathæus
Gendre. Horum et omnium fidelium defunctorum
anime per Dei misericordiam requiescant in pace.
Amen. Orate, rogamus, pro nostris, nos quoque pro
vestris orabimus. Turrelly. »

Les registres de la cathédrale de Troyes constatent
la présentation d'un rouleau des morts venant de
Citeaux en 1489-1490 et sur lequel on inscrivit le nom
de l'évêque Louis Raguier. Le porteur ne reçut que
II sous VI deniers, la moitié de la somme qui fut
donnée le 3 janvier 1508 « au porteur du rolle de la
confrairie du monastère de Saint-Bertin au diocèse
de Thérouenne (1). »

Le registre G. 1568 contient encore ce qui suit :

« Au porteur du roole de Notre-Dame de Nisme qui
fut présenté par ledit porteur le XIe jour de mars en
cuer de la dicte église ouquel furent mis tous les chanoines trespassés depuis quatre ans ensa et luy fut
baillé comme est de coutume par le reliquier.

II s. VI d. »

« Au porteur du roole de Saint-Lorent de Liège
présenté par luy en cueur le IXe jour de juillet ouquel furent mis tous les chanoines trespassez depuis
quatre ans ou cinq ans ensa et lui fut donné par le
reliquier.   II s. VI d. » f. 152-153.

<hr>

(1) Archives de l'Aube, G. 1875, Registre, fol. 89 verso.

III.

PIERRE DE LARIVEY

CHAMPENOIS.

Pierre de Larivey, s'il faut en croire Grosley dans
ses *Mémoires sur les Troyens célèbres* (1), serait le fils
d'un *Giunto* « florentin venu à Troyes, soit avec des
artistes de Florence qui nous ont laissé tant de monu-
ments de leurs études sous Michel-Ange, soit pour y
suivre, à l'exemple de plusieurs de ses compatriotes,
des affaires de commerce ou de banque. » Mais rien ne
prouve que le nom de Larivey soit une traduction de
celui de *Giunto* et que l'écrivain dont nous allons
esquisser la vie soit d'origine italienne. Pierre Larivey
naquit au plus tard vers 1540, car dès 1603 C. Thorelot,
chanoine de Saint-Urbain de Troyes, qui devait fort
bien le connaître, le qualifie de *vénérable vieillard* dans
le sonnet qui précède sa traduction de l'*Humanité de
Jésus-Christ* par Pierre Arétin. Versé dans les litté-
ratures classiques et surtout dans la littérature
italienne, il comprit de bonne heure que la comédie
doit être la peinture des mœurs réelles et que son but
doit être de corriger par le ridicule. Mais au lieu de
composer de nouvelles pièces, Pierre de Larivey

(1) T. 1, p. 19.

conçut le projet de mettre sur la scène française les caractères, les intrigues et les tableaux des mœurs de la comédie italienne. Il est probable qu'il voulut suivre l'exemple de Jacques Grévin qui avait fait paraître les *Esbahis* et son ami Louis le Jars qui avait composé la *Lucelle*. Quoi qu'il en soit, Larivey publiait dès 1579 six *comédies facécieuses : le Laquais, les Esprits, les Jaloux, la Vefve, le Morfondu* et *les Escolliers.* Ces pièces obtinrent à Paris, chez Abel l'Angelier, un tel succès qu'elles furent réimprimées plusieurs fois. Mais les trois suivantes *la Constance, le Fidelle* et *les Tromperies*, imprimées à Troyes en 1611 chez Pierre Chevillot, n'eurent pas même les honneurs d'une seconde édition, quoiqu'elles se paient au poids de l'or, lorsqu'elles apparaissent trop rarement dans les ventes publiques.

Beaucoup d'érudits se sont demandé si les comédies de Pierre de Larivey furent représentées publiquement. Le sonnet de Guillaume Chasble, Chartrain, semble le prouver,

... Soit qu'il mette en jeu son comique joyeux

Il tient les écoutans penduz à sa parole (1).

Mais on sait qu'à cette époque la plupart des pièces n'étaient point jouées sur des théâtres réguliers, mais sur des scènes particulières. Il est même probable que celles de Pierre de Larivey égayèrent plus d'une fois les longues soirées du château de Pougy dont le noble

(1) *Philosophie et Institution morale d'Alexandre Piccolomini,* **Paris,** Abel l'Angelier. in-8, 1581.

seigneur accepta la dédicace des *divers discours de Laurent Capelloni* (1) traduits par notre habile Champenois.

Larivey se contenta-t-il seulement d'imiter le théâtre italien du seizième siècle? Il est malheureusement prouvé qu'il supprima quelques scènes et quelques rôles, n'ajoutant que rarement et traduisant presque toujours avec fidélité. Il avoue lui-même d'ailleurs dans la dédicace de son premier volume qu'il a lu beaucoup de pièces des bons auteurs italiens et « qu'il a basty son petit ouvrage sur le patron de ces hommes qui ont autant acquis de réputation en leur vivant et espéré de mémoire après leur décès, s'esbatans en ces comédies morales et facécieuses, comme s'exerçans en l'histoire ou en la filosofie. » Et en effet sa première comédie *le Laquais* est tirée du *Ragazzo* de L. Dolce dont le prologue n'a pas même été modifié. La seconde comédie *la Veuve* est tirée de *la Vedova* de Nicolo Buonaparte, gentilhomme d'une famille illustre. La troisième *les Esprits* est *l'Aridosio* de Lorenzino de Médicis que Larivey confond avec Laurent le Magnifique, père de Léon X. Cette pièce est peut-être celle où le poëte comique champenois s'est permis des changements importants, parce que certains personnages lui paraissaient débiter des paroles trop grossières ou trop indécentes pour être applaudies du public français, quoiqu'il se soit lui-même permis bien des licences.

(1) Troyes, pour Jean le Noble, et Paris, Michel Sonnius, in-12.

Dans sa préface, ou plutôt dans sa dédicace « à M. d'Amboise, advocat en parlement, » Larivey, que Guillaume Chasble ne craint point d'appeler « l'honneur de la Champagne, » déclare d'abord qu'il n'a composé ses comédies que « pour montrer avec quel courage et affection la vertu doibt estre embrassée pour mériter louange, acquérir honneur en ceste vie et espérer non-seulement une gloire éternelle entre les hommes, mais une céleste récompense après le trespas. » Oubliant bientôt la modestie, il nous apprend qu'il aurait écrit ses comédies en vers s'il l'eût voulu, mais qu'il a préféré la prose, « parce que le commun peuple, qui est le principal personnage de la scène, ne s'estudie tant à agencer ses paroles qu'à publier son affection qu'il a plutost dicte que pensée. » Et en effet combien compterait-on de laquais capables de s'exprimer en vers et surtout de pauvres servantes comme Catherine ?

Pierre de Larivey sut de bonne heure s'attirer les faveurs de personnages recommandables, car nous le voyons dédier ses ouvrages à Réné de Voyer, vicomte de Paulmy et seigneur d'Argenson, à monseigneur de Luxembourg, duc de Piney, à Jean Vilevault, procureur au parlement de Paris, à Louis Largentier, bailli de Troyes, et à M. de Pardessus, conseiller du roi. Par qui fut-il excité à traduire ou plutôt à remanier des comédies? Beaucoup d'érudits n'osent nommer François d'Amboise ; mais si Larivey lui dédie ses six premières comédies, n'est-ce point parce que ce François d'Amboise est lui-même auteur des

Néapolitaines et qu'il s'est chargé d'éditer la tragédie d'*Adonis* de Guillaume le Breton ? Protégé par ce docte personnage, Larivey craint cependant encore « les inondations et torrens de quelques envieux qui le voudroient blasmer et calomnier la bonne et sincère affection qu'il a de profiter au public. » Mais il faut avouer que les envieux devaient trouver d'assez belles occasions de se répandre en murmures et même en invectives contre notre traducteur champenois. Le lecteur peut se convaincre de l'étrange liberté que s'est permise Pierre de Larivey par la lecture d'une seule de ses pièces réimprimées dans les tomes V, VI et VII de l'*Ancien théâtre français* (1).

La première est intitulée le *Laquais*, parce que les lecteurs ou les spectateurs doivent y voir un vieillard trompé par un laquais. Ce bonhomme de soixante et quelques années passe une nuit dans les bras d'un valet déguisé, tandis que son fils lui enlève l'objet de ses amours et que sa fille s'enfuit avec son amant. « Le faict se découvre, » les amants se marient et le pauvre vieillard reconnaît enfin que « l'amour à certain âge est un grand fol. » Je laisse à de plus habiles le soin d'apprécier la valeur de cette pièce dont le principal mérite appartient à l'italien Louis Dolce, mais je ne crois pas que le théâtre du xix⁰ siècle admette

____

(1) Paris, P. Jannet, 1855. Cette collection des ouvrages dramatiques les plus remarquables, depuis les mystères jusqu'à Corneille, a été publiée avec notes et éclaircissements par Viollet le Duc.

le passage dans lequel le laquais raconte au *maquereau* Thomas la nuit qu'il passa près du vieillard (1).

Le bon Nicolas des Guerrois, qui publiait en 1637 la *Saincteté chrestienne*, n'ose avouer que Larivey fut prêtre, et ne constate l'existence de notre auteur qu'à l'occasion d'un procès-verbal que Larivey signait en qualité de *scribe* du chapitre de Saint-Etienne, lors de la translation d'une côte de saint Aventin dans l'église de Créney, le dimanche 20 novembre 1605 (2). Il est probable que des Guerrois, qui se déclarait alors *prêtre indigne de Jésus* et qui dans ses pérégrinations apostoliques recueillait les légendes des saints du diocèse de Troyes, devait déplorer les licences d'un tel chanoine.

Beaucoup d'autres prétendent que Pierre de Larivey naquit dans la capitale de la Champagne. Il était pourtant facile de se convaincre de cette erreur, car dans la lettre par laquelle le roi Henri III le nomme membre du chapitre de Saint-Etienne, il est déclaré *clerc* du diocèse de Langres et chapelain de la chapelle Saint-Léonard dans l'église de Paris (3). L'acte d'insinuation de son successeur constate la même origine et lui attribue le caractère sacerdotal (4).

(1) Acte 4, scène 1, p. 70.

(2) Pag. 424.

(3) Petro de Larivey, clerico Lingonensis diocesis, capellano capellæ Beati Leonardi in insigni ecclesia Parisiensi fundatæ. *Archives de l'Aube*, Reg. 1035, réception des chanoines de 1515 à 1587.

(4) Petrus de Larivey, presbiter, Lingonensis diocesis, canonicus regalis et collegialis ecclesiæ sancti Stephani. Registre 75.

Nommé chanoine le 21 février 1587, Pierre de Larivey vérifie en qualité de scribe « le compte des revenus tenu par Tristan Beaufils, cellerier et chanoine en l'église Monsieur Saint-Estienne, de 1588 à 1589 (1). » Mais dès le 1ᵉʳ juillet 1599 jusqu'au 10 juillet 1607, il tient « le registre des délibérations et conclusions capitulaires de la même église, » et n'écrit durant ce laps de temps pas moins de 871 feuillets dont le 485ᵉ est revêtu de sa signature *Delarivey, scribe* (2). Le 10 juillet 1607, « il se décharge volontairement de l'exercice du greffe » et a pour successeur Mᵉ Nicolas Millet; mais il assiste régulièrement aux délibérations du chapitre jusqu'au 15 novembre 1618, entendant chaque année, à l'approche de Pâques, « la saincte exhortation du doyen touchant la dignité de l'état ecclésiastique et les devoirs du prebtre, les admonestant un chacun de faire mieulx que par le passé, affin que Dieu soit loué et le peuple édifié. » Dès le 11 janvier 1619, Mᵉ Nicolas Joly, prêtre du diocèse de Troyes, « représente à Messieurs qu'il a pleu à Dieu et au Roy de le pourvoir de la chanoinie et prébende que tenoit Mᵉ Pierre de Larivey comme vacquantes par sa résignation. » Mais un mois s'était à peine écoulé que le mardi 12 février le testament de notre auteur était apporté au chapitre et lu en présence des chanoines. Pierre de Larivey expirait en demandant

(1) Registre 1187.

(2) Registre 1012, 485 feuillets, registre 1013, jusqu'au 386ᵉ feuillet.

dans son testament à être enterré dans l'église de Saint-Etienne (1).

Le service célébré pour son enterrement ne coûta que 5 sous 8 deniers, la messe du lendemain 4 sous et le service du bout du mois la même somme. Les membres du chapitre y assistèrent et laissèrent inhumer sa dépouille mortelle dans leur église. Quelque temps après, Mᵉ Nicolas Joly, admis « à la prébende de Mᵉ Pierre de Larivey, payait 10 livres *pro cappà*, quoique son prédécesseur eût résigné sa charge dès le 24 août 1615 (2). »

Parmi les ouvrages presque tous traduits de l'italien par notre chanoine nous citerons :

1. *Les facécieuses nuicts du seigneur Straparole*, tome II, Paris, 1572. Ce second volume a été plusieurs fois réimprimé avec le premier publié par Louveau.

2. *Deux livres de Filosofie fabuleuse... le premier prins des discours de M. Ange Firenzuola, florentin... le second extraict des traictez de Sandebar, indien*, Paris, 1577, in-16; Lyon, 1579; Rouen, 1620.

3. Vers français sur *la mort de Messire Jean Voyer*, père du vicomte de Paulmy, auquel il dédia la *Filosofie fabuleuse*, Paris, 1577.

4. *L'Institution morale d'Alex. Piccolomini...* Paris, 1581, in-4.

Cet ouvrage est dédié à M. de Pardessus, « conseiller

(1) Registre 1016, feuillet 174.

(2) Registre 75. — Compte de la fabrique de Saint-Etienne de Troyes de 1618 à 1619.

du roi en la cour de parlement à Paris, » chez lequel Pierre de Larivey, depuis vingt ans, remplissait certaine fonction, comme il le déclare dans la dédicace.

5. *Les divers discours de Laurent Capelloni* traduits, in-12, Troyes, pour Jean le Noble, et Paris, Michel Sonnius, 1595.

6. *Les trois livres de l'humanité de Jésus-Christ*, traduits de l'italien, in-8, Troyes, Pierre Chevillot, 1604.

7. *Les veilles de Barthélemy Arnigio*, traduites de l'italien, in-12, Troyes, Pierre Chevillot, 1608.

Le titre de cet ouvrage donne à Pierre de Larivey la qualité de *prestre* et celle de chanoine en *l'église royalle et collégiale de Saint-Estienne de Troyes.*

Comme il est facile de le voir, notre auteur champenois n'a guère employé ses loisirs qu'à traduire des ouvrages italiens et à modifier certains passages à sa fantaisie. On peut même juger de la sécheresse de son imagination par la lecture de la dédicace de ses *Divers discours de Laurent Capelloni* qui n'est qu'une reproduction presque mot pour mot de celle qu'il adressait dix-huit ans auparavant à M. Voyer d'Argenson dans sa *Filosofie fabuleuse.* Et cependant monseigneur de Luxembourg, duc de Piney, auquel il dédiait ses *Divers discours*, méritait bien les honneurs d'une dédicace, comme le prouve l'*Oraison funèbre* prononcée par Pierre Dante (1).

Quoi qu'il en soit, Pierre de Larivey reçut les louanges de beaucoup d'écrivains et de personnes distinguées.

____

(1) *Bibliophile du département de l'Aube*, 6e livraison.

Parmi ses admirateurs nous citerons surtout Guillaume Breton, Louis le Jars, François d'Amboise, Claude Binet, Pierre Tamisier, Guillaume Chasble, J. Dacier, C. Thorelot, C. Mérille et Tobie Tonnelot. Mais sans admettre avec Chasble qu'il fut *l'honneur de la Champagne*, on peut dire que Pierre de Larivey eut le mérite d'avoir attiré l'attention des auteurs dramatiques contemporains sur le théâtre italien et que ses comédies exercèrent une influence si considérable sur notre théâtre que l'incomparable Molière ne rougit point de leur faire de nombreux emprunts (1), comme le remarquait M. de Saint-Marc Girardin dans son cours de poésie française.

Pierre de Larivey, son neveu, se contenta de publier des almanachs dès 1622 chez Jean Oudot. Il paraît que ses prédictions obtinrent quelque succès, car Grosley rapporte dans ses *Troyens célèbres* qu'il continuait encore ce genre d'ouvrage en |1644, « année brillante pour lui par une prédiction qui fut suivie de l'événement (2). » Pierre de Larivey rencontra des émules « qui continuèrent à courir la carrière des almanachs » lorsque lui-même l'abandonna. Mais si les Questier, les François Commelet et d'autres « ré-

<hr>

(1) *Journal général de l'Instruction publique,* 1854, nᵒˢ 7 et 11. — *Poésie française au* xviᵉ *siècle,* par Sainte-Beuve, t. I, p. 279.

(2) T. I, p. 21. Les archives de l'Aube conservent encore un *almanach pour l'an de grâce mil six cens trente-deux diligemment calculé* par Pierre Delarivey, troyen, in-folio. Cet almanach n'est qu'un simple calendrier orné d'une gravure qui représente l'entrée de Henri IV à Troyes.

glaient alors par leurs oracles rendus à Troyes le cours
des saisons, des météores et des mouvements poli-
tiques, guerriers et pacifiques de l'univers, » son fils
ne renonça point à l'astrologie, science fort lucrative
à cette époque. Grosley ajoute même que ce dernier
ne mangea jamais de poisson, parce qu'il crut un jour
démêler dans son horoscope qu'il mourrait étranglé
par une arête.

IV.

LES CLOCHES

DE L'ABBAYE ROYALE DE SAINT-LOUP.

Beaucoup d'historiens ont confondu la royale
abbaye de Saint-Loup avec celle de Saint-Martin-ès-
Aires qui portait le même nom avant sa destruction
par les Normands. Simple chapelle connue sous le
nom de *Notre-Dame de la Cité*, l'abbaye de Saint-Loup ne
doit son origine qu'à la translation des reliques du
saint patron de la ville de Troyes et à la transmi-
gration des religieux vers l'an 892 ; mais, à peine
fondée, elle obtint une célébrité plus grande que celle
de Saint-Martin-ès-Aires qui avait pourtant compté
pour abbé le docte Alcuin. La piété de ses chanoines

2 .

lui valut même une telle renommée qu'en 1309 on fondait l'abbaye de Saphadin, sous le nom de Saint-Sauveur, au diocèse de Mothone dans la Morée, à laquelle on donnait pour premier prieur Thierry, chanoine de Saint-Loup. Les cordonniers voulurent y célébrer leur fête patronale d'après un ancien privilége qui leur fut accordé par Charles le Chauve, quoique ce privilége ne concernât que l'église de Saint-Martin-ès-Aires. Beaucoup de chroniqueurs ont rejeté cette prétention des maîtres-cordonniers, mais, avant 1789, cette corporation gardait encore dans un coffre le titre qui constatait son privilége et rappelait à quelle occasion il avait été accordé !

Il parait que, lorsque Charles le Chauve visita la ville de Troyes, ce bon monarque s'aperçut trop tard que ses chaussures étaient percées et qu'il fit appeler un savetier pour le prier de les raccommoder. Celui-ci satisfit si bien son illustre client qu'on lui offrit une assez belle somme; mais le savetier refusa tout salaire et demanda pour toute récompense que sa corporation eût le droit de faire dire son office à Saint-Martin-ès-Aires. Charles le Chauve fit bien quelques objections, mais il finit par concéder cette faveur à la corporation des cordonniers, comme le constatait certain parchemin que la tempête révolutionnaire aurait détruit. Courtalon, qui écrivait sa *Topographie* en 1780, doute de l'authenticité de ce titre.

Quoi qu'il en soit, parmi les abbés du monastère de Saint-Loup, l'histoire cite surtout Nicolas Forjot de

Plancy qui, fils d'un humble maréchal-ferrant de
ce bourg, fut élevé par de bons moines et se rendit si
recommandable par ses talents et par sa piété que,
fort jeune, il fut choisi pour gouverner l'abbaye. Il
avait succédé à Pierre Andouillette, qui avait fait
construire le dortoir et le clocher dans lequel son-
naient quatre cloches nommées *Andouillettes*. Quoique
crossé et mitré et jouissant du privilége d'officier pon-
tificalement, Nicolas Forjot n'oublia jamais son
humble origine, car il mit dans ses armes trois fers de
cheval qu'on voyait représentés sur la plupart des
ouvrages qu'il fit faire.

Plein de zèle et d'économie, il trouva des ressources
pour faire bâtir une tour, dresser de belles orgues,
poser des vitraux, construire des chapelles et une
bibliothèque, et faire même exécuter par l'orfèvre
Louis Papillon d'admirables châsses, parmi lesquelles
nous citerons celle de Saint-Loup, qui fut achevée en
1503, et que Mabillon, passant à Troyes, regardait
comme une des plus belles de l'univers catholique.

Mais si cet abbé eut la gloire d'avoir enrichi son
église de plusieurs beaux ornements, il eut à soutenir
un long et grave procès à l'occasion des grosses
cloches qu'il avait fait placer dans la tour neuve de son
église. La cathédrale de Troyes, voisine de Saint-
Loup, n'était pas encore ornée de son portail principal surmonté d'une tour. Elle s'émut donc étran-
gement lorsque les voix solennelles et immenses des
cloches de la royale abbaye se prolongèrent en
vibrations harmonieuses. Le chapitre de Saint-

Pierre, l'effroi dans le cœur, se rassemble à la hâte pour sauvegarder l'honneur de son beffroi qu'il croit fort compromis « par les criardes du colombier de Saint-Loup (1). » La séance fut longue et orageuse, comme on doit le penser ; les avis étaient encore partagés, lorsque le doyen se levant prit la parole :

« Messieurs les chanoines, dit-il, le voisinage des cloches de Saint-Loup m'importune autant que vous et le son, qui s'éveille avant l'aurore, vient chaque jour troubler mon sommeil du matin comme il doit assurément troubler le vôtre. Ce dommage, qui nous est causé, est un motif suffisant pour porter notre plainte ; mais qu'est-ce cela, si nous le comparons au préjudice et au trouble qu'apporte à nos cérémonies divines ce bruit étrange dont nos voûtes sacrées retentissent à toute heure ? L'esprit peut-il prier lorsque les oreilles sont continuellement fatiguées ? »

A ces mots le doyen s'arrêta pour respirer. Un murmure d'approbation, qui circula dans l'assemblée, lui prouva qu'on goûtait cette manière d'envisager la question. « Ceci posé, continua l'orateur, la justice nous refusera-t-elle à nous, Messieurs, ce qu'elle ne peut refuser aux plus humbles des hommes, de protéger nos personnes et de nous donner cette liberté, cette tranquillité dont nous avons joui jusqu'ici dans nos divins offices (2) ? »

---

(1) *Mémoires sur la paroisse et le prieuré-cure de Sainte-Maure,* par Audra, manuscrit 2297, p. 51, biblioth. de Troyes.

(2) *Congrès archéologique de France,* XXᵉ session, 1853, p. 307.

Un trépignement de joie accueillit cette conclusion, et, séance tenante, il fut décidé qu'un procès serait intenté sans retard aux cloches mal sonnantes, afin de les réduire au silence et même de les faire des" cendre de leur tour superbe, si cela était possible. L'évêque et le curé de Saint-Nizier, Me Jean Huart, se mêlèrent de l'affaire et firent tant de démarches que des sergents se présentèrent à l'abbaye pour interdire la sonnerie des cloches de la tour neuve.

Mais si l'attaque fut vive et impétueuse, la défense ne le fut pas moins.

« Quoi ! s'écria l'abbé Forjot, lorsqu'il eut fermé la porte aux sergents, on ose nous assigner pour faire taire nos cloches, lorsque ces Messieurs les ont vues à leur baptême sans dire un seul mot ! Est-ce qu'on oublierait les services que notre glorieux et saint patron rend depuis des siècles à cette ville ? N'est-ce pas lui qui a désarmé le farouche Attila, et qui *mort* nous préserve si souvent de la peste, le plus terrible des fléaux ? Et, d'ailleurs, pourquoi se déchaîner contre ces cloches fort innocentes qui ne sonnent que pour appeler le peuple dans les temples, tandis que l'église collégiale de Saint-Etienne en possède « de plus grosses, placées dans une tour aussi somptueuse (1) ? » Si les juges à Troyes ne connaissent plus le véritable droit, nous en appellerons au Parlement de Paris ? »

Et en effet, l'abbé Forjot, « quoique déjà d'un vieil âge, » se rendit à Paris et s'adressa directement au

_____

(1) *Archives de l'Aube,* liasse 276.

Parlement. Celui-ci fit faire peu de temps après une enquête, le 15 juin 1500, à laquelle assistèrent « Jehançon Garnache, Jehan Bailly, maçons, Jehan Honnet, maistre charpentier du Roy, Jean de Dijon, aussi charpentier, Guillaume Passot et Nicolas Cordonnier, paintres. » Ceux-ci déclarèrent « que la vieille tour qui estoit à Saint-Loup estoit plus près de ladite église Saint-Pierre que n'est la nouvelle tour de 87 pieds et que les cloches ne pouvaient s'entendre à quatre ou cinq lieues, comme on le prétendait. » Guillaume Brisson, conseiller au Parlement et rapporteur du procès, se rendit ensuite à l'office de la cathédrale, tandis que de la tour de Saint-Loup s'échappaient d'harmonieux sons, et partit quelques jours après, monté sur sa mule pour regagner la capitale.

Les choses en étaient restées là, lorsqu'un beau jour les cloches de Saint-Loup sonnèrent à toute volée. Chacun se demandait quelle fête solennelle, qui n'était point marquée dans le calendrier, annonçaient ces cloches dont les chanoines de Saint-Pierre avaient juré la perte : c'était la justice qui finissait par où elle aurait dû commencer. Elle maintenait les cloches de Saint-Loup dans la paisible possession de leur tour et permettait au chapitre de la cathédrale d'en suspendre dans leur beffroi de plus grosses, s'il le jugeait convenable. L'arrêt du Parlement ne fut rendu que le 20 juillet 1504, deux ans après que Martin Cambiche de Beauvais eut été appelé pour jeter les fondements des tours et du portail principal de Saint-Pierre (1).

(1) *Archives de l'Aube*, liasse 276.

L'abbé Forjot se démit quelques années après de son abbaye en faveur de Nicolas Prunel et mourut le 18 décembre 1514.

V.

LA RUE DU BOIS

D'APRÈS LES ORATORIENS.

Qui ne connait point la fameuse *dissertation sur un ancien usage,* que Grosley aurait lue dans l'Académie de Troyes le 28 mai 1743 ? Cette singulière apologie nous prouve que la requête suivante n'obtint pas beaucoup de succès, car notre avocat troyen rappelle avec emphase le triomphe que remportèrent les bons tisserands avec lesquels il aimait à s'entretenir (1). Mais il ne faut pas s'étonner si la peste visitait de temps en temps les villes aux rues tortueuses et aux murailles épaisses.

J'aime cependant à croire que la dissertation ne fut qu'une amère critique contre la faiblesse de certains magistrats et que la *rue du Bois,* « une des plus belles rues de la capitale de la Champagne (2), » fut débar-

(1) *Mémoires de l'Académie de Troyes,* 3e édition, 1768, p. 55.
(2) Id., p. 24.

rassée des monceàux infects qui l'obstruaient dès 1738, comme le constate la requète suivante :

A Monsieur le lieutenant-genéral de police de la ville, fauxbourgs et banlieue de Troyes.

Suplient humblement les prêtres de l'Oratoire du collége de Troyes, disant que le bastiment qu'ils occupent et qui a une assès grande étendue, donne par le derrière sur la *rue du Bois*, depuis celle qui passe au devant de l'église Saint-Remy jusques à une petite ruelle appellée la *rue Maupeigné*, les supliàns ont dans tous les temps donnés tous leurs soins pour faire en sorte d'empescher les gens qui font leurs demeures dans la ditte *rue du Bois* de faire leurs ordures auprès et du costé du dit bastiment sur la dicte rue et d'y déposer leurs cendriers et autres immondices, qui, dans le gros amas qu'ils en font et qui s'étend depuis le dit bastiment jusques au milieu du pavé, cause une infection insuportable ; ce soin, comme dit est, pris par les suplians, est autant pour l'intérest public et gens de ce voisinage que pour celuy qui leurs est particulier, parceque outre l'infection et mauvaise odeure que cela cause dans tout ce quartier, cela empesche le passage qui doit estre net et libre à un chascun et comme il n'a pas été possible d'empescher ces sortes de déposts, quelques précautions que les suplians ayent pris de faire nettoyer en différents temps et qu'ils l'ont encore nouvellement fait et que cela ne peut estre empesché que par votre authorité et à la jonction de Monsieur le Procureur du Roy, ils y ont recours.

Ce considéré, Monsieur, il vous plaise, sur la présente requête et à la jonction de Monsieur le Procureur du Roy, que les suplians requièrent, ordonner que vos réglemens généraux de police seront exécutés; ce faisant que deffenses seront faites et réitérées à toutes personnes du voisinage de la maison des suplians et autres de faire leurs ordures dans la ditte *rue du Bois*, le long et auprès de leur bastiment n'y d'y mettre et déposer leurs sendriers et autres immondices en quelques temps que ce soit, sous telles peynes et amendes qu'il vous plaira de prononcer en cas de contravention, desquelles peynes et amendes, les pères et mères seront et demeureront responsables pour leurs enfans, et les maitres et les maîtresses pour leurs compagnons aprentifs et domestiques et pour rendre les deffenses qu'il vous plaira de prononcer plus notoires et publics, permettre aux supplians de faire transcrire votre ordonnance sur un tableau et de le faire appliquer et attacher derrier leur dit bastiment et vous ferez justice.

BARGEDÉ, prêtre de l'Oratoire.

14 juin 1738.

VI.

UN MAITRE D'ÉCOLE

Que le lecteur veuille lire ce qui suit; il ne lui sera point difficile de reconnaître que nos aïeux n'étaient pas moins habiles que nous, lorsqu'il s'agissait de l'instruction et même de l'éducation de leurs enfants. Les archives de l'Aube conservent dans de vieux papiers le traité conclu devant le notaire de Buxeuil, le 24 avril 1787, « entre les délégués des habitants de Polisy et le sieur Jacques Clément, choisi pour être recteur d'école. »

Le susdit recteur est tenu: 1º « de chanter à l'office divin et d'accompagner le curé, lorsqu'il portera les sacrements aux malades. »

Ce règlement est encore observé dans la plupart des communes où l'instituteur doit professer le culte de ceux qu'il est chargé d'instruire, car, quoi qu'on en dise, l'exemple d'un maître exerce une trop grande influence, pour que la société puisse se permettre de ne choisir que des instituteurs athées.

2º « De sonner les angelus. » — Fonction lucrative, comme on le verra plus loin.

3º « De porter ou de faire porter l'eau bénite chez

tous les habitans dudit lieu indistinctement tous les dimanches. » — Usage respectable dans un temps où la foi exerçait encore son empire salutaire.

4° « D'instruire les enfants et les enseigner à lire, écrire et à faire des règles et ainsi que le catéchisme et de tenir régulièrement ses classes toute l'année, lesquelles commenceront, scavoir : depuis le premier octobre jusqu'au printemps, à sept heures du matin jusqu'à onze, et depuis deux heures jusqu'à la nuit, et, depuis le printemps jusqu'au premier octobre, à six heures du matin jusqu'à dix et depuis quatre heures du soir jusqu'à la nuit. »

Nos aïeux, comme on le voit, n'admettaient point les vacances, et en cela ils étaient beaucoup plus clair-voyants que nous, car dans les villes manufacturières, telles que Troyes, Reims et Rouen, que deviennent, durant cinq à six semaines, de pauvres enfants aban-donnés à eux-mêmes? Pourquoi prélever chaque année sur eux un temps précieux, durant lequel ils appren-draient peut-être les connaissances qui leur seront un jour si nécessaires pour devenir d'habiles ouvriers et de bons citoyens? N'ont-ils pas assez de vacances les jeudis et les dimanches et trop de liberté peut-être les jours de classe?

5° « D'apprendre le plain-chant à ceux de ses écoliers en qui il trouvera plus de disposition et de les instruire à servir la messe et aux cérémonies des fêtes solen-nelles. » — Excellente coutume par laquelle les pa-roisses pouvaient autrefois recruter de bons chantres. Pourquoi nos églises, qui comptent souvent des centaines d'enfants, ne retentissent-elles plus des chants mélodieux des jeunes élèves? Ce n'est point l'argent qui manque, car des leçons de musique vocale sont assez largement payées par les caisses municipales pour qu'on ne permette plus à nos enfants de dormir durant les offices en attendant qu'ils n'y assistent plus.

6° « D'envoyer de ses écoliers pour servir la messe. »

7° « D'avoir l'attention de faire observer le bon ordre à tous les écoliers tant aux classes qu'à l'église, de ne point les tutoyer, ni de souffrir qu'ils se tutoient entre eux, de les corriger par les voies ordinaires, sans chaleur ni passion, de tenir la classe pendant l'hiver aux garçons et autres personnes qui voudront y aller depuis six heures du soir jusqu'à huit, à raison de dix sols par mois en se fournissant lesdits écoliers de lumière. »

Les classes d'adultes étaient donc organisées avant 1789, mais avec cette différence qu'elles n'étaient point gratuites et que l'instituteur recevait le salaire de ses services. Et puisque nous parlons des classes d'adultes, pourquoi ne deviendraient-elles point des *classes de perfectionnement*, où les élèves acquerraient certaines connaissances qu'ils n'ont pas apprises dans leur bas âge? Il nous semble que l'instituteur duquel on exige tant de science y gagnerait quelque chose, que son autorité se maintiendrait en raison des notions plus élevées qu'il dispenserait à ses auditeurs. Car, il faut bien l'avouer, depuis que les journaux vantent la tenue des classes du soir, les adultes doivent posséder les éléments. Ne serait-il point temps d'élargir le cercle trop étroit de leurs connaissances ?

« Et pendant le temps qu'il exercera lesdites fonctions de recteur d'école, il lui sera payé par chaque habitant de la communauté et annuellement la somme de quinze sols, plus, pour un enfant à l'alphabet, par mois trois sols, plus, pour ceux qui commenceront à lire en latin, quatre sols, pour ceux qui liront en latin et en françois, cinq sols, pour ceux qui commenceront à écrire, six sols, pour ceux qui feront des règles, sept sols, et pour ceux qui apprendront le plain-chant et à servir la messe, dix sols ; en outre, il lui sera payé par chaque habitant de la communauté après les vendanges annuellement chacun quatre pintes de vin et sera exempt de taille et autre charge de la communauté.

» De plus, il lui sera payé pour ses assistances aux offices, qui ne sont d'obligation, scavoir : pour un mariage, une livre quatre sols, pour un enterrement de gros corps, dix sols, pour celui d'un enfant, pareille somme, pour chaque grande messe, dix sols, pour chaque messe de dévotion qui sera acquittée, pareille somme, ainsi que pour vespre et matines, plus, pour son assistance aux *Libera* qui se font annuellement, la somme de vingt sols par chaque personne qui les feront dire. »

Les communes, d'après ce traité, choisissaient elles-mêmes leur instituteur, à la seule condition qu'il fût agréé par l'autorité. Il faut reconnaitre que sur ce point nous avons beaucoup perdu, car de nos jours au nom de quelle loi certains conseillers municipaux veulent-ils bannir des instituteurs revêtus d'un certain habit pour les remplacer par d'autres, malgré le désir des parents?

L'instruction était-elle obligatoire en 1787 ? J'aime à le croire, car le traité fut conclu au nom de tous les habitants du village de Polisy, qui comptait peut-être plus de lettrés qu'aujourd'hui, comme pourrait le constater le grand nombre d'actes écrits d'une manière assez correcte par les susdits habitants (1).

Quant à la rétribution, il faut bien se rappeler que l'argent n'avait point la même valeur que de nos jours et que le recteur de Polisy, somme toute, recevait beaucoup plus que la plupart de nos instituteurs auxquels on s'est toujours contenté de prodiguer des promesses.

Cinq ans cependant ne s'étaient pas écoulés depuis le traité passé devant le notaire de Buxeuil, que le tocsin de la Révolution sonnait à toute volée dans les communes et que les écoles étaient fermées au nom de trois mots magiques : *liberté, égalité, fraternité*, dont nous avons fait trois mensonges. En sera-t-il de même aujourd'hui ? J'ai bien peur que nous ne consumions encore le temps en fêtes et en paroles, et que de cette loi de l'enseignement il en soit comme de tant de projets qui, à peine élaborés, restent ensevelis dans les cartons des ministères. Feu de Cormenin nous a cependant prodigué de salutaires con-

(1) Archives de l'Aube, C. 193.

seils sur cette question si brûlante. Qu'eût-il dit s'il avait assisté à nos désastres de 1870 ? N'eût-il point flétri cet affaissement moral dont nous avons donné le triste spectacle, et prouvé que toutes nos belles métaphysiques nous ont conduits à l'anarchie?

Que les véritables Français se mettent donc courageusement à l'œuvre, stimulant partout le zèle des écoliers et leur rappelant surtout qu'il ne suffit point d'un diplôme pour réjouir le cœur de son père et celui de sa mère, mais qu'il faut de plus être un fils moral et soumis. Et n'est-ce point pour avoir oublié cette vérité que tant de jeunes gens encore succombent sous l'étreinte des passions et jettent la honte dans leurs familles et l'effroi dans cette pauvre société dont les bases ont été si fortement ébranlées? Sachons donc tirer profit de nos défaites et répétons sans cesse à nos enfants qu'où manque la véritable éducation, il n'y a plus que corruption dans les mœurs et lâcheté dans les actions (1).

----

(1) *Les grandes plaies de la France. L'Education*, par Alexandre de Beaune. Paris, Ch. Douniol, 1872.

TABLE DES MATIÈRES.

Chartres. — Imprimerie Durand frères.

www.ingramcontent.com/pod-product-compliance
Ingram Content Group UK Ltd.
Pitfield, Milton Keynes, MK11 3LW, UK
UKHW021129140726
13695UKWH00004B/1797